你是世间唯一的花

面倒だから、しよう

[日] 渡边和子 —— 著

苏航 —— 译

北京联合出版公司
Beijing United Publishing Co.,Ltd

图书在版编目 (CIP) 数据

你是世间唯一的花 / (日) 渡边和子著；苏航译. --
北京：北京联合出版公司，2018.10
ISBN 978-7-5596-2466-6

Ⅰ. ①你… Ⅱ. ①渡… ②苏… Ⅲ. ①人生哲学－通
俗读物 Ⅳ. ① B821-49

中国版本图书馆 CIP 数据核字 (2018) 第 207997 号

北京市版权局著作权合同登记号：01-2018-5299 号

面倒だから、しよう　（渡辺和子著）
MENDOU DAKARA、SHIYOU
Copyright 2013 by WATANABE KAZUKO
Original Japanese edition published by Gentosha, Inc.,
Tokyo, Japan
Simplified Chinese edition is published by arrangement with
Gentosha, Inc.
through Discover 21 Inc., Tokyo.

你是世间唯一的花

作　　者：(日) 渡边和子　　　　产品经理：周乔蒙
翻　　译：苏 航　　　　　　　　特约编辑：丛龙艳
责任编辑：郑晓斌　徐 樟　　　　版权支持：张 婧

北京联合出版公司出版
(北京市西城区德外大街 83 号楼 9 层 100088)
北京联合天畅文化传播公司发行
天津光之彩印刷有限公司印刷　新华书店经销
字数 100 千字　787mm×1092mm 1/32　印张 7.5
2018 年 10 月第 1 版　2018 年 10 月第 1 次印刷
ISBN 978-7-5596-2466-6
定价：59.80 元

序言

"因为麻烦，所以去做"，听起来或许是句奇怪的话，应该是"因为麻烦，所以算了"才对吧？这是怕麻烦的我经常说给自己听的话，也是教育学生时总使用的话。

我总跟学生们说："这个世界上，有金钱无法买到的东西，其中之一就是心灵美。""当然可以去考虑该不该做、该怎么做。但是，与自己的怠惰心做斗争之时，就会展现出真正的美和个人气质。"虽然经常有人把"漂亮的人"和"美丽的人"混同使用，但二者有着绝对的区别。

特蕾莎修女来日本的时候说："让我最感震惊的是日本的漂亮。街道、服装、汽车，一切都很漂亮。但是，若是在这些漂亮的建筑、家舍中，没有亲人间的笑容、夫妇间的关怀的话，那我认为他们还不如印度那些贫困却温暖的家庭幸福。"

就"漂亮"而言，金钱是必需的。而"美丽"

所必需的，却是心灵的光辉。像现今这样，充斥着不需要花费心思就能得到很多东西的年代，才更有必要在内心做小斗争，而作为斗争结果的那份美丽，可以将世间照亮，不是吗？

目

Contents

录

—

微笑
Smile

—

第1章

细致地生活

第2章

幸福，
由自己决定

第3章

我所走过的道路

第4章

考虑对方的感受

—

解说
Commentary

微笑

微笑，是不需要花钱去买的东西，但对于对方来说有着非常重要的价值。

看到微笑者感到充实，而微笑的人却什么也没有损失。

微笑是如闪电般瞬间消失的东西，却能在人的记忆中永久保存。

不管是多富有的人，没有微笑的话也会显得贫穷；不管是多贫穷的人，有了微笑的加持也会变得富有。

微笑令家庭平安、社会上的善意增加。

在两个朋友之间，微笑是友情的暗语。

　　微笑会成为疲劳时的休息、失望时的光辉、悲伤时的太阳，对各种各样的担忧而言，微笑充当了天然解忧剂。

　　而且，既然是买不到，拜托他人也得不到、借不来的东西，就不会被偷。

　　要说为什么的话，那是因为微笑是自然展现的，无法给予他人的。

　　因为并不存在，故而无价。

　　如果你没有得到期待中某人的微笑，不要不开心，试着由你来主动微笑吧。

　　实际上，对忘记微笑的人而言，没有比这更有必要的了。

第 1 章

细致地
生活

在小事中倾注大爱

常言道，人要怀有"泛爱"。

有一个开长途车的司机，曾经将自己的经历写成了新闻投稿。"那一天，我开了一晚上的夜车，应该再过一会儿就要到目的地了。那是早上七点左右，我的眼前忽然出现了一个小学生，手里拿着黄色的旗子开始穿越人行横道。"

那位司机可能也是因为疲惫吧，心里想着可恨，急忙踩了一脚刹车把车停住了。然而，这个小学生在穿过人行横道后，抬头看向高高的驾驶座，向着司机轻轻地低下了头，说了一声"谢谢"。

"我感到很羞愧。然后下定决心，以后开到人行横道前的时候都要慢行。如果有穿越人行横道的人，我要用笑容目送，直到他们走过去。"

笑容、温柔、爱，像这样被联结在一起。被司机用笑容目送的人，会觉得很开心，大概那一天不论是说话还是态度，都会变得很温柔吧。

特蕾莎修女曾经说过："我所做的事情，或许如同一滴水那样渺小，但没有这一滴水的话，是汇不成大海的。"

她还说过"我没有做世人所说的那么伟大的事情，只是在一件件的小事中，融入大爱地去做。"

小学生的笑容和"谢谢"这句话，本身是很小的行为，但是，这联结着下一个人，温暖了对方的心，让这份温柔充满世界，社会和家庭就都能和平了，不是吗？

笑容、温柔、爱相互联结，充满世间。

泛爱的行为，会渐渐扩大范围，
将整个社会包容其中。

因为麻烦，所以去做

那是我在大学教授"道德教育研究"课程时的事情。担任期末考试监考的我，注意到一个四年级学生从座位上站了起来，然后又像改变念头般地坐下了。虽然考试时间是九十分钟，但是六十分钟以后，写完试卷的人就可以离场。

那个重新坐下的学生，从容地拿出纸巾，将自己桌上的橡皮屑集中起来，收到纸巾中，然后再次站起来，点头致意之后离开了教室。

我从讲台上走下来，像在确认那个人有没有写名字一样记住了他。我很高兴。正好那个时候（现在也是），我向自己的学生传授了"因为麻烦，所以去做"这句有些奇怪的口号，而这个四年级的学生真的这么做了。

　　教育界一直在倡导"培育生存的力量"。虽然在这个艰难的社会上生存下去是很重要的，但我们难道不应该培养能够"更好地"去生活，"像个人一样"生活这样的生存力量吗？只顾自己赚钱，登上权力的宝座，维护自己的地位，为了这些，别人怎么样都无所谓，要是能平静地撒谎，那么骗人也没关系，这样想的人现在有很多。

　　"赚钱有什么错""钱能买到人心"，也有明确表达这种拜金主义的人，如果这样想的话，那就等于助长了社会的弱肉强食之风，让等级差距越来越大。金钱是很重要的，是必要的东西，在漫长的时间里，我作为管理人员，深深地体会到了这一点。但是，我也知道，钱的多少不可能成为人心中幸福的尺度。如《圣经》所说的，"人活着，不是单靠食物"。要了解自己的弱点，战胜欲望，像个人一样，有主观意识地去生活。人是依靠内心的满足感而生存的。

大家都讨厌辛苦，逃避麻烦，有着以自我为中心的生活倾向，我也不例外。但是，像个人一样更好地去生活，意味着和这种自然倾向做斗争。即便想做，也不能去做不该做的事；即便不想做，也要去做应做之事。这种自由的选择，正体现出了人类的自主性。

无论是把橡皮屑就那么丢在一旁，还是收起来之后再起身，都是人的自由。但是，我们想要培养的是能做出更好选择的人，想要培养出和随波逐流的自己不断做斗争，即便麻烦也要去做，即便倒下也能再站起来，这样去生活的人。

所谓更好地去生活，
就是要和以自我为中心这样的倾向
做斗争。

无论是谁，都想走轻松的路。
抱有一颗能战胜自己的强大的心吧。

以全新的心情
迎接
每天的工作

　　江户时代，堺城有个叫吉兵卫的人，生意做得红火，但他妻子是个卧床不起的病人。虽然下人很多，吉兵卫却不将照顾妻子的任务托付给他人，在繁忙的工作之余，他亲自照顾妻子。周围的人都说："你还真是不厌倦呢，很辛苦吧？"对此，吉兵卫这样回答："你说什么啊？我每一次都是第一次做，也是最后一次做啊。"

　　我时常会想起这句话，将其作为自省的素材。吉兵卫先生不把这样一次次的反复当作反复，把每次做都当作"第一次做"，保持着新鲜感。他一定会想，这有可能是最后一次，而用心地、认真地完成。这种心态，是我们时常需要找回的。

虽然这是很久以前的事情了，但是一个神父在做首次弥撒的时候说的话依然促使我反省自身。"即便我今后会做上万次的弥撒，我也想把以后的每一次都当作第一次也是唯一一次的弥撒来做。"

在大家迎接新一年的时候，会各表各的决心吧。我的愿望是学习吉兵卫先生那"第一次也是最后一次"的心态，并葆有第一次做弥撒时神父那"最初的、唯一的也是最后一次"的细致，认真地生活下去。

这是对不觉间便机械呆板起来的日常生活的改正，我想，这一天一天的积累，应该会让这一年成为我累积财富的一年。

把每一次都当作第一次也是最后一次。

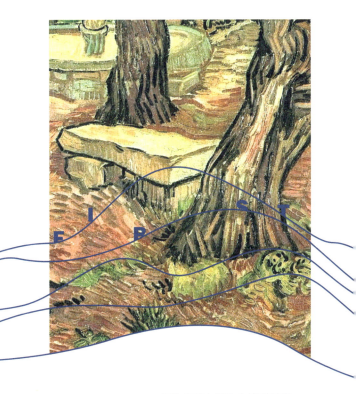

每次都用全新的心情来对待，
把这当作最后一次，细致地过好每一天吧。

原原本本地
接受对方

　　这是某天刊登在报纸上的投稿："我是身体羸弱的十六岁女孩，虽然进了学校的俱乐部，前辈们却故意大声讲'身体弱的家伙，只是在添麻烦'。但是，我想，人类，不是因为有价值才活着，而是因为活着才有价值。"

　　人被按照利用价值、商品价值分出等级，就企业的方面而言，在裁员令被无情执行的现今，学生们为了获得能成为生存能力的资格而费尽心机，也可以说是理所当然的。

我也曾体会过"能做什么"这一点的重要性。在战争中，我是作为日本文学系学生毕业的，战后母亲说"今后英语会成为必要且重要的东西"，于是，在经济状况很艰苦的情况下，我被允许进入了新大学，成了英语文学系的新生。多亏一边打工一边毕了业，在那之后，无论是就业还是在修道会生活，我都被当作"会说英语的人"而得到了重视。

虽然成为"有用的人"就可以带着意义生活，但在现今这个弱肉强食的世界上，对被认为"没有作用"的人或者已经没有作用的人来说，生活非常辛苦。想要像那个投稿的少女那样，坚定地断言"人类，不是因为有价值才活着，而是因为活着才有价值"，需要什么必要条件呢？我想，是对人的爱，是原原本本接受对方的爱。

特蕾莎修女曾说过这样的话："我的心中，总是无法忘记死去的人最后的目光。如果能让这些在世上被视作没用的人在死亡的瞬间感受到'被爱的感觉'

而离开这个世界的话，我什么都愿意去做。"

这个想法的具体化就是"垂死者之家"（Home for the Dying），是为了让那些走完被认为毫无意义的一生、无家可归的濒死病人接受一生没有得到过的温暖治疗，让他们死得其所的地方。

也有人说，对一定会死的人，给予不足的帮助和仅有的一点药物是一种"徒劳"。针对这一点，特蕾莎修女是如此回答的：对感觉自己好像没有生存价值的人而言，出生以来第一次得到人道的对待，也许是他们有生以来第一次体会到"被爱的感觉"的时候，这些人会说"谢谢"，其中甚至会有人带着笑容死去。

在一个只经历过痛苦的人一生结束之际，让他原谅抛弃自己的父母，原谅冰冷的世间，在平静中回到神佛之处，使这一切成为可能的药物与帮助绝不是徒劳。"人类，是因为活着才有价值"，为了让自觉没用的人也能这样想，我希望大家都能对自己和他人抱有这样一份温柔。为此，无条件的爱是必需的。

不是因为有价值才活着，
而是因为活着才有价值。

能做到什么或不能做到什么都没关系。

不管是怎样的人，只要活着，就有价值。

所谓"小死"

    2011 年 3 月 11 日，东日本大地震，是一场教会我们觉得理所当然的事情未必真的理所当然的突发事件。转眼之间，房屋倒塌，被冲走，许多人的性命被剥夺，这些事实没有让我们意识到活着并非理所当然，而死亡也不全都与己无关吗？

    有人说："所谓活着，就是指自己还有能使用的时间。"很多人因为年轻，就觉得自己还有很多时间，但其实说不好自己何时就会染上病痛，或者遭遇事故。

无论年龄大小，每个人都不可忘记的是，时间的用法就是生命的用法。要时不时地审视一下自己是不是活得太马虎、是不是抱着太多怨恨，因为我们能使用的时间是有限的。

所有的人，总有一天都会死的。做演出之类活动的时候，如果预先彩排过，轮到正式表演时就不会慌张；而为了能不慌乱地迎接死亡，预先做做彩排也是好的。

我将这种彩排命名为"小死"。这种彩排也是在每天的生活中和自己的任性做斗争，控制自己的欲望和感情。

如《圣经》中"一粒麦子"的比喻所说的那般，落在地上死去的话，会收获很多，但拒绝死亡的话，就只会作为一粒麦子而枯萎。为了成就能够收获果实的死，那就要从之前说的"小死"中寻求。到了那个时候，与认为一切只是痛苦的自己做斗争，才能成就收获果实的死。

对死亡的彩排，
称为"小死"。

和自己做的斗争，会变成一粒麦子，
收获丰硕的果实。

令人变美
的
化妆品

我对于专心致力于化妆的学生有话要讲。

"想变漂亮也是人之常情。但为了变漂亮，无论是买化妆品还是去美容院，都必须花钱。我希望大家能在漂亮的同时成为培育美丽的人。"

为了变美，是不需要花钱的。美，指的是心中的光辉，需要的是伴随着痛苦的自我管理、自我克制。

于是，我对学生们说："请默念'因为麻烦，所以去做'这句话，在犹豫'做还是不做'的时候，请去做。

因为这一份积累一定会让你变美。"

有一部叫《泥萝卜》的剧，是真山美保先生的作品。故事中，一个少女由于有一张像沾满泥巴的萝卜般丑陋的面孔，而被村里的顽皮孩子们嘲笑为"泥萝卜"，这个被人欺负的少女，最后却变成了"像佛陀一样美丽的孩子"。

要说为什么这个女孩子变美了，那是因为旅人爷爷教给了她三件事，她日复一日地和自己做斗争，最终成就了美丽。这三件事是：

总带着微笑；

站在他人的角度想问题；

不羞耻于自己的面孔。

比起费尽心思地对抗衰老，我们每一个人都将这三点作为自己的功课会怎样呢？

"请不要夺走我的年龄。要说原因的话，因为年龄是我的财产。"也有人这么说。

我也希望增长可以称为"财产"的年龄。为了实现这一点，我对自己说，要像一个"泥萝卜"那样，每天都努力地"带着笑容，怀着关爱，并且接受自我"。

美丽地增长年龄，
比起抗衰老更重要。

每个人都是"泥萝卜"。

比起追求漂亮，要更多地追求美丽。

每天都
用心地、细致地
生活

相田光男[1]先生以“现代版的禅问答”为题，写了这样一段话。

　　“佛陀的教诲是什么呢？”

　　不让邮递员叔叔为难，正确而好辨识地书写收信人名。

1.相田光男（1924—1991），日本诗人、书法家，一直创作有关“生命”之宝贵的作品，在日本引起广泛的共鸣，其作品被称为感动内心的毛笔书法。——译者注

　　"什么啊，那不是理所当然的事吗？"

　　是的，就是将那理所当然的事用心地去做。

　　这种"理所当然的事"，有时会是"无聊的事"，最近，我们常常会忘记用心做事的重要性。然而，正是这种践行，才会使人变美。

　　那是与化妆创造出的"漂亮"还有天生的容貌好不同的东西。那是我们不畏惧地和厌恶麻烦的自己以及避难就易的自己做斗争，就算有时被打倒也无所谓，从那里爬起来继续努力，从中培育出的东西，可以称为"心灵的光辉"吧。

　　"快即是好"这种价值观席卷了世界，在"百无禁忌"的服装、措辞、礼仪盛行于世的社会生活，不知不觉地，我们就忘了要用心写字、待人和工作。

　　我最近与这样一句话邂逅。

　　"无论是人的生命也好，事物也好，都请用双手

领受。"

在领受毕业证书和奖状的时候，我们会使用双手；在抱着宝宝的时候，也会用双手抱起吧。在这个过程中，人们表现得细致与认真。

在重视速度、合理性的世界上，我们对自己和他人的生命、事物，都变得"草率"了，不是吗？丢失了以双手来领受的心，我们已经习惯了"用单手"去承接生命和事物。

进入 21 世纪，世界变得越来越机械化、快速化。像开头诗中所说的那样，让邮递员先生难以辨识的花字体或是写得像涂鸦一样的收件人姓名减少了，取而代之的以电脑打印的姓名增多了。

那么，这个"禅问答"过时了吗？不，现今，这反而变得更加重要了。因为，我们最近总是动不动就变得"草率"，开始用单手来对待人的生命和其他事物。

如果有"现代版的基督教问答"，被询问"神的教诲是什么"的话，那么"用心地去做理所当然的事情，用双手去领受交给你的每一个生命和事物"应该会成为答案吧。

用双手去领受
生命与事物。

用单手去对待的话，会让重要的东西失去价值。

无论是理所当然的事还是艰难的事，

都要细致认真地对待。

不要一味地提倡和平，而要去生活

　　和平，是只需要想想就行的吗？我想，我们所追求的是，在每天的生活中，成为能创造和平的人，不是吗？在《圣经》中，没有写想着和平的人能够幸福，而是写着实现和平的人是幸福的。

　　当特蕾莎修女接受诺贝尔和平奖的时候，很多人都问她："为什么像你这样有名的人，不去呼吁消除印度的贫困，而是为了世界和平发声呢？"

　　修女这样回答道："我做不到伟大的事情。我所

能做的不过是在小事情中倾注大爱而已。"

关于和平的议论也是很重要的。停止国际间的纠纷也是很重要的。但是，我们每个普通人在日常生活中能做的事情很少，只是一味地想着和平，也是无法实现和平的吧。

在家庭中展现笑容、互相依存、互相原谅难道不是推进和平吗？不给别人添麻烦是理所当然的，进而再向感到为难的人、寂寞的人伸出援手，努力让对方也开心，难道不是推进和平吗？探讨和平的会议也是必要的，但是去践行和平不也一样必要吗？

倡导、祈求和平也是很重要的，但更重要的是践行。我们必须明白，"信仰不应是怀抱着的东西，而应是活的东西"。

像弗朗西斯科的祈祷那样，我想成为"为憎恨之处带去爱、为分裂之处带去统一的和平的工具"。为此，需要通过亲自体会主在十字架上承受的痛苦，来创造和平。

不要只是在口头上倡导和平。
要成为能在身边制造和平的人。

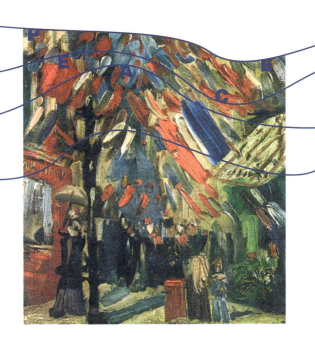

　　在讨论诸如国际问题这样的大话题之前，
　　　　首先，从自己能做到的小事情，
　　比如互相微笑、互相照顾、互相原谅开始吧。

一生仅一次的机缘

所谓"一次性"，是指这个世上同样的事只会发生一次。虽然相似的事情可能会发生很多次，但是完全一样的事再也不会发生。

朝比奈隆，是大阪爱乐交响乐团有名的指挥家。

"即便是完全一样的乐团，在同一个大厅里演奏同一支曲子，然后面向同一拨听众，昨天和今天的演奏也一定会有所不同。"

虽然是同样的演奏，但也不可能是完全相同的演

奏。也就是说，人类是不可能重复完全相同的事情的。然而，如果是 CD、DVD 或磁带，就可以重复相同的事。机器只能做到重复。这是人类和机器的区别之一。

近来，人类在机器化。成为手册化的人后，在进入快餐店时，店员会连顾客的脸都不看就说"欢迎光临，你好"。人类像手册中的机器人一样。我们果然还是应该重视所谓的人性。

最近，热水器和汽车之类的商品都因为出了问题而被召回。不管有几万台还是几百万台，如果是关乎人类生命的商品，那么就要被全部收回，这是为什么呢？那是因为，在某个时期内，从某公司生产出来的东西，全都是一样的。即使是食品，出了问题的话，为了回避危险，在某段时间内某个工厂生产的食品，也要被全部收回。

家里做的饮食怎么样呢？我偶尔也会负责做料理，即便食谱相同，材料也好好地称过重，但每一次做的味道都会稍有不同。前几天做的咖喱和今天做的咖喱，即便用的是同样的菜谱、同样的分量、同样的材料、同样的火候，做出来的味道也会不同。人类就是如此。

大家有没有过这种感受，在经历了很棒的体验后怀着"想再经历一次。和那个人，在那个时候，那个宾馆，吃那个饭……"然而再次拜访后却失望透顶？我有过。想着再重复体验一次很棒的经验，结果却是"如果没做就好了，只做那一次就好了"。但是，也有与之相反的经历。

我在攻读学位的时候，感觉十分辛苦，既要学英语，又要学和以前完全不同的领域的知识，并且必须在三年间取得学位。谢天谢地，我通过考试取得了学位，然后就想，"终于不用再经历这种折磨了，真是感激"。

无论是痛苦的事还是高兴的事，对人来说都只有一次。此外，虽然将来才是最重要的，但是，即便认为"反正又是做同样的事"，每一次也都必须认真地去做。因为，对人类来说，没有完全同样的事，所以不认真地对待现在这个时候是不行的。

同样的事不会发生第二次，
所以，要珍惜当下。

人一生中所经历的事无论哪件都只会发生一次。
无论多么期盼、多么后悔，也不会发生同样的事情。
用心地对待每一次体验吧。

第 2 章

幸福,由自己决定

治愈疲惫的秘诀

"凡劳苦担重担的人，可以到我这里来，我就使你们得安息。"

耶稣的这句话总是能让消沉的我重新振作起来。

身处管理职位，绝非华丽之事，而该是被称为寂寞的事。从我三十六岁被任命为四年制大学的校长以来，五十年间，我体验到了在众多责任者位置上任职的滋味。被赋予的任务很棘手的时候，受到毫无根据的中伤的时候，被信任的人背叛的时候，而且，在意识到这是因为自己的愚蠢所致时，那种烦闷总是会和自我厌恶联结起来。这种时候，就会被耶稣的"到我这里来"的圣言所救赎，不仅深深勒进肩头的重担会松开，这句圣言还会让你解开对自己的束缚，并轻轻地推你的后背一把，赋予你重新开始人生的勇气。

度过没有挫折的一生，对人类来说，其实不是最重要的。对人类来说，受挫是理所当然的，只是在受挫的时候，重要的是不要气馁，不要由于自己的愚蠢而失去信心，进而厌恶自我、自暴自弃。

而自己也尝过无数次失败的耶稣，对这样的我们温柔地说，不要气馁。旧日的行囊太重了，试试把骄傲和自尊心都卸下肩头吧。请换上新的行囊。然后，温柔谦逊才是他要教给我们的不气馁的秘诀。仿效圣主那样，将纠缠自己一生的重负和束缚放下吧。

受挫是理所当然的。
多亏了挫折，
我们才会注意到某些事。

审视过于骄傲的自己，
成就一个变谦虚的机会吧。

碰上
意料之外的
突发事件时

　　为了成为一个能独当一面的修女，我经历了数年
的准备，在三十岁的时候加入教会，之后在美国度过
了五年。当时与今日不同，立志成为修女的人很多，
我和数百名二十多岁的年轻美国人，在波士顿郊外宏
大的修道院中一起修行了一年时间，下面要说的是其
间某一天发生的事。

　　正如"修道"这个词所揭示的，从早上五点起床
到晚上九点睡觉的这段时间内，我们都要遵守严格的

规定来祈祷、默想、进食，其他时间主要被除草、洗衣服、草草准备吃饭之类的简单工作占用。

那是夏天一个炎热的午后。我被委派到食堂完成配餐的任务。那是在我沉默而迅速地将几百只碗和纸杯之类的东西，一个一个并排摆放在长条桌子上和钢管椅前发生的事。

突然，有个声音问我："你是在想着什么来做这份工作的呢？"我回过头，看到了表情严肃的执事。

我回答说"什么都没想"，就被训斥道"你把时间都浪费了"，而我瞬间没能把疑惑隐藏起来。因为我不过是把被委派的事情照着命令去做而已。

执事这次则温柔地教导了我："时间的使用方法，也就是生命的使用方法。既然是做同样的工作，就请一边为马上要吃晚饭的每一位修女祈祷，一边摆放餐具吧。"

什么都不想地摆放餐具的话，就跟机器人的工作没两样。想着"好无聊"度过的时间，只是一段无聊

的人生。既然同样花费时间，那就在摆放每一只盘子的时候怀着"请幸福"的爱和祈祷。我在那一天，第一次被教会要度过充满爱和祈祷的人生。

三十岁之前一直在英语有用武之地的岗位上就职，也取得了修女资格的我，明明最初已经接受了"这就是修道生活"而勤勉于简单的劳动，但经过一段时间，我渐渐变成了觉得知性刺激较少的生活"很无聊"的不谦逊的人。

时间的使用方法，就是生命的使用方法。这个世界上没有所谓的"杂事"。做事杂乱的时候才生出了杂事，这是我从叩击心灵的修道院生活中学到的一课。

最终，我一边祈祷着"请幸福"一边摆放餐具，坐下吃晚饭的修女们有没有变幸福我不得而知，即便不知道也没关系。因为这是我使用时间的方法，是我人生的问题。然而，确实有一件事情改变了，那就是，我那张不开心的脸消失了。

想要生存下去，就不可避免地要面对讨厌的事、不想做的事、不想要的东西、不喜欢的对象等很多对自己来说"不感激"的事物。我很感激，我年轻时就从修道院中学会了把无聊的工作变成不无聊的工作的方法。

"幸福，从来都是由自己的心决定的，我们不是环境的奴隶，一定不能忘记身为环境主人的尊严。"

特蕾莎修女教导烧饭赈济灾民的修女们一定要遵循三件事：在递面包和汤碗的时候，一定要看着对方的眼睛并微笑；碰触他们的手，传递出温暖；然后简短地问候一句。这是机器人做不到的，是人类对其他人表达爱和祈祷的表现。

"做"（doing）工作虽然很重要，但不能忘记应该怀着怎样的心态（being）做工作，请把这一点铭记于心。

这个世界上
没有所谓的"杂事"，
做事杂乱的时候，才生出了杂事。

想着"无聊"而度过的时间，

会成为无聊的人生。

转变思想，改变生活方式

　　由我担任理事长的圣母院清心女子大学，从根本上讲是一所倡导自由和艺术的大学，这一教育目标，是基于基督教价值观的"自由人的培养"。所谓的自由人，可以说是对自己人生的理想状态能够进行自我判断、自我选择，并坚持为自己的作为和不作为负责任的人。

　　一个人在做判断和选择时，不必说，遗传和环境这两个因素会造成很大的影响。然而，人类不只是这两个因素的"产物"，也自由地拥有"第三力量"，这是以神为肖像创造出来的、只赋予人类的、基于理性和自由意志的力量。

> 花菖蒲
>
> 在黑土地上扎根
>
> 吸着脏水
>
> 为什么会美丽地绽放呢
>
> 我在
>
> 众多人的爱中生长
>
> 为什么只是一味地想着
>
> 丑陋的事情呢

——星野富弘[2]

---

2. 星野富弘（1946— ），日本诗人、画家，1970 年毕业于群马大学，本是一位中学体育教师，在进行俱乐部活动指导时损伤了颈椎，造成四肢瘫痪，后开始以口代手，衔笔写文作画，作品引起了强烈的反响。其创立的富弘美术馆的参观人数已超过 600 万人，直到现在他仍在进行诗画和随笔的创作。——译者注

就被赋予自由的人而言，在所处的环境中是绽放还是不绽放，或是怎样绽放，都是由自己决定的。在很多情况下，这是由于思想的转变造成的。

在《圣经》中，有一则关于转变思想的故事。

人们带着一个天生眼睛瞎了的人去询问基督："这个人会成为这样，是因为他本人犯下的罪吗？还是因为他父母犯下的罪？"

耶稣是这么回答的："也不是这人犯了罪，也不是他父母犯了罪，是要在他身上显出神的作为来。"然后，那个人的眼睛就能看到了。人们询问"为什么"，探究原因，而基督回答"为了什么"，指出了这一事实存在的意义。

对于"是谁的原因""为什么会遭遇这种事"这种问题，人们自然会发问。但是，在这个世界上，发出"为什么"这个问题时，意识到也可以发出"为了什么"这种提问，就能加深对那件事的理解，前进的道路会扩宽，姿态也会向前吧。我希望我们都能成为一直考虑"为了什么"而积极向前的自由人。

在所处环境中
绽放还是不绽放，
或是怎样绽放，
都由自己决定。

人有决定自己生活方式的自由。
为了走向幸福，需要借助于转变思想。

选择
更好的
生活方式

最近学生的特征之一就是竭尽全力地取得资格证书，在选择大学的时候，最关心的是能取得什么资格。为了在弱肉强食的世界上生存下去，追求这些能成为"生存力量"的资格是理所当然的。并且，我任职的学校也根据学生的要求，为他们能成功取得毕业后对工作有帮助的各种资格、执照做了准备。

但是，我们的目标是，在单纯地追求"生存力量"之外，培养出具备"更好地生活的力量"的自由人，是能将一身的知识和技术更好地使用的人。生存的力

量，在就职方面的作用就不用说了，在经济和社会方面，对自我实现也是有必要的，是很有用的东西。能生活得更好时，不光会考虑自己的幸福，也会想到周围的人，特别是弱小的人、贫困的人的幸福，为了这一点而不计报酬地奉献，有教养地生活。

"自由人"的"自由"是什么意思呢？创立自由学园的羽仁素子女士，用小学生都能明白的语言进行了说明："你们，有着把脱了的鞋摆整齐的自由"，也有"不摆整齐的自由"。理性地考虑一下，选择"更好的方法"，才是真正的人类应有的姿态，也即"自由的人"的姿态，这是有教养的人应该采取的行动。

"真理，必叫你们得以自由。"《圣经》上这么写。所谓自由地活着，不是凭喜好来决定事情，而是自由地做"更好地生活"这件事。

既是心理学家又是精神科医生的维克多·弗兰克，亲身经历过奥斯维辛集中营的生活后所著的《活出意义来》一书中写道："人类的自由不是从诸多条件中得到的自由，而是在面对那诸多条件时，有决定自己

应有样子的自由。"

被送到集中营的人，因为被剥夺了财产、家人和一切，不得不连日处于对死亡的恐惧和苦恼中，处于人类的极限状态。其间，某一天有个人生病了。第二天早上，那个病人的枕头上放置着几块面包和一碗汤。这是为了让病人康复而选择自己空着肚子，把面包放下的"自由人"的做法。自由地使用"更好地生活"的力量，而将能成为自己"生存力量"的食粮给了朋友。

应该可以说，我们培养目标中的"自由人"，是像弗兰克指出的那种，不是从诸多条件中追求自由的人，而是在自己所处的条件中，按自己的生存方式去努力面对困难，致力于"更好地生活"的人。

我为每一个人都能在所处的环境中更好地生活下去而祈祷。

人类的自由
不是从诸多条件中得到的自由，
而是在面对那诸多条件时，有决定自
己应有样子的自由。

我们，有选择更好的生活方式的自由。

意识到
活着的
喜悦

认为生命是最重要的东西时

活着，会感到痛苦

知道了

比生命更重要的东西时

活着是

如此地高兴

——星野富弘

以前，我有缘到位于群马县绿市东村的富弘美术馆访问，获得了会见星野富弘先生的机会。

虽然我很早以前就想向星野先生询问开头诗中那句"比生命更重要的东西"是什么，可真与他见了面，我却只问了"这个轮椅是怎么动起来的呢？"这个愚蠢的问题。然而，对我的疑问，星野先生没有露出一丝厌恶的表情，而是实际地向我展示了轮椅的动作，我被星野先生的温柔触动了。

我想，我没有固执地去问有关"比生命更重要的东西"的问题真是太好了。因为这不是可以回答的问题，而是需要我们每个人在自己的生活中不断去追求、去探寻的东西。

如果我被人问："修女，你也有比生命更重要的东西吗？"我会怎么回答呢？

我们的生命，是可以通过人工寿命延长装置来维持的，即便成为植物人状态，也能维持一段时间。虽然以脑死亡还是心脏死亡对死亡做判断是个很大的问题，但所谓生命的终结是指什么时候呢？也就是说，根据什么来判断死亡这个问题，并不能回答关于"人活着是怎么回事"这一问题。

我们知道，人们所说的"生活"这件事和"活着"，只是一字之差，实际上却有很大的不同。星野先生也是意识到自己不只是活着而已，而是有能力去生活，并将这种喜悦通过诗歌表达了出来吧。

那种生活的力量，是在发现比生命更重要的东西时被赋予的。意识到这样伤痕累累的自己依然被爱着，而让他注意到这一点的来自人们的爱、来自神明的爱，就成了赋予他的力量。被这种力量支撑着，一个经历了众多苦难的人生轨迹也能成为值得向这个世间的生命们夸耀的宝贵财富。

我经常想起开头的那首诗，大多是在我觉得自己的生命是最重要的因而感到痛苦的时候。

经历过我们无法体会的痛苦时光，现在依旧生活着的星野先生，就这样用自己的手脚和不自由的身体，创造出了数不清的让人们心灵自由的诗。我十分感激。

"活着"和
"生活"
是不一样的。

意识到自己被赋予了生命的时候，
就能够活下去了。

不随波逐流，过自己的生活

　　成熟的人的特征之一，就是拥有"统一的人生观"，也就说，有着很清晰的价值观。这对年幼的孩子来说是不可能的吧。但是，如果到了成人阶段，对自己的行为、想法、感情，有原则是很重要的。清楚地知道自己的价值观和信念——自己为了什么而生、想要什么样的生活方式，如果可能的话，还包括想以什么方式死去，是十分重要的。

　　说得更简单一些就是不要太容易被人左右。不要让自己和对方处于一个水平——对方若礼貌地讲话，你也礼貌地讲话；对方若冷淡的话，你也冷淡。不要采取这样的态度。不管对方如何，你都是你，人要活得有人样儿。当然也应该适当地配合对方，但是，对原则要贯彻到底。而且，用时兴的话说，就是做个"碰撞"少的人。成熟的人首先要以独立的人格进行深思熟虑。深思熟虑的话，碰撞的情况就会变少。现在自己做了这样的发言，之后会怎样呢？把将来的事都好好考虑之后，就能放心地发表自己的言论并做出行动了，并且，能对结果承担相应的责任。

"拥有统一的人生观"，就是指不做环境的奴隶，而是做环境的主人。这对一个成熟的独立人格而言，是非常重要的事。不要被别人的态度所左右，按自己的风格活下去。幸福，永远是由你的内心决定的。

幸福，永远
都是由自己的内心决定的。

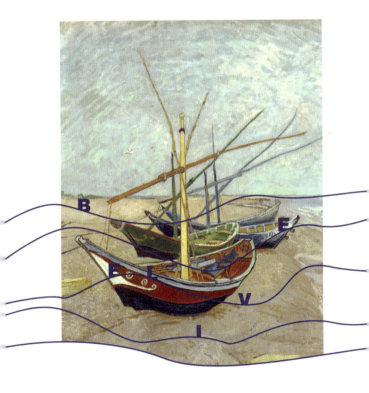

　　成熟的人，是有着不动摇的信念的人，
不会被他人的态度所左右，独立思考并行动。

在不幸
的反面
寻找幸福

这是我在美国学习时听闻的故事。

以前的修道院虽然已经电气化，但还十分有限，那是个还没有电烤炉的时代。某个修道院的料理值班人用烤箱烤早餐用的面包。他先烤单面，再翻过来烤另一面，一次要在烤箱里烤很多面包，然后盛到盘子里，端给在食堂等待的修道者们。

厨房的人虽然总是留意着，不过偶尔会不小心把吐司烤得焦黑。但是，因为扔掉了可惜，所以，那些焦黑的面包还是那样被用大盘子盛着端到食堂去。

以前的修道院自然是很安静的，大家都遵守着安静的规则，每个人从上面拿一片吐司，然后把盘子递给后面的人。

一个修道者说"又烤黑了？"，一脸的不高兴，拿了自己的那份吐司，就把盘子递给了下一个人。下一个修道者果然也拿到了一片焦黑的吐司，放到自己的盘子里，但是他把吐司翻了过来。"啊，只有一面被烤焦真是太好了，十分感谢。"他如此说道。

也就是说，请把事物翻过来看一遍，可能一面烤得焦黑，但是另一面可能没有烤焦。

这种时候，怀着"啊，只有一面被烤焦真是太好了，十分感谢"这样的心态，在某种意义上就是"幸福的秘诀"。这种从容会带来平安和幸福。

在表达不满之前，
先把事情翻过来看看，
保有余地。

只看到不好的一面，会牢骚不尽。
换个不同的角度来看，会有新的发现。

应对痛苦和悲伤的方法

　　圣所（sanctuary），是任何人都不能用带着泥的脚随意踩踏的地方，就算被询问"它在哪里"也不能回答。圣所，是至死都不会告诉任何人的要带进坟墓的部分，是即便被背叛也能逃到那里的最后的堡垒一样的存在。我把这种地方称为圣所。在那里，可以保有不能对人说的东西，它作为人类的本质而持续存在，因而会随年龄一起成长。

　　对某人把一切都发泄出来并不能称为与之关系亲

近。亲近不是指公开性的程度，而是指尊重对方独立性的程度，承认彼此拥有独立的人格。这会让人感到寂寞和孤独。但是，享用这种孤独，对我们的成长而言是必需的。那也许是无法与其他人分享的内心的动向、不安、烦恼和喜悦。相田光男先生有一首叫作《无论是谁》的诗：

> 无论是谁
> 都会有吧
> 无法对人言说的
> 痛苦
>
> 无论是谁
> 都会有吧
> 无法对人言说的
> 悲伤
> 只是一直沉默着而已
> 因为说出来

就变成了牢骚

——《一生感动，一生青春》，

文化出版局，1990 年

我也有这样想的时候。虽然从某种程度上可以用语言来表达心情，但是无法被人理解的悲伤都被我纳入了圣所。把跟别人说了就会变成牢骚的事压下，藏入自身，仅是这样做，人就会变得美丽。

我们的魅力在于将具有吸引力、不为人所知的悲伤和痛苦一直秘密地封存于圣所之中。

因为每个人都具有不同的人格，大家秉持不同的文化而生活。因为我们都是不完美的，不可能做到百分百地被理解，或是百分百地理解他人。歌者柴生田稔这样唱道：

今天我和妻子深切谈话取得了一致

那就是夫妻始终是旁人

深切交谈的夫妻之间取得了什么一致呢？那就是夫妻始终是旁人，彼此都是独立的，就算再怎么打算理解对方，也有极限。夫妻双方从出生到结婚之前的生活各不相同，即便结婚了，也有分别的时候。虽然彼此会尽量地去理解对方，但却没法做到完全理解。我在听到这首歌的时候，对大人的世界、大人的爱感受颇深。

我们都一味地希望自己被爱、被理解、被安慰，也试着让自己成为爱对方、理解对方、安慰对方的人吧。更重要的是，把"不可能做到完全互相理解"这件事深深地铭记于心。

把不为人知的
悲伤和痛苦
埋藏在圣所。

谁都会有无法对人言说的悲伤和痛苦。

如果有容纳这一切的圣所，

就可以保持平常心活下去了。

忧伤中的温柔和坚强

特蕾莎修女有一张严肃到让人吃惊的脸。如果你以为她是一个像圣人那样温柔的人，就会发现她的眼神、神情都很严厉，而且从某种角度来说，透露着忧伤。

那是一张一直凝视的脸，既凝视着那些被遗弃了，认为自己的生死无足轻重的悲惨之人的生与死，也凝视着那些被抛弃的孩子的死亡。

创立"合欢树学院"的宫城麻里子说过："温柔吧，温柔吧，温柔是很强大的！"我想，我们要对被认为无用的人、被抛弃的人伸出温暖援手的话，心中就必须拥有温柔与坚强。

"温柔[3]"这个词，是单人旁加上"忧伤"的"忧"繁体写法"憂"，指的是不管多么厌恶，也不舍弃自己。仅仅是不舍弃而站立在一旁的人的身姿，就能表现出温柔。

只有在境况好时才待在对方身边、在境况糟糕时就离去的人，在这个世上有很多。在对方遭遇挫折时，或失败，或生病，或遭遇伤心事时，只是伫立在旁握住他的手就好了，这就是所谓的"温柔"。

不要自我厌恶，不要自我舍弃，不要自我嫌弃，"这就是我啊。如果连我都放弃了自己，不知道还会有谁会扶你站起来，所以我不会放弃自己"，秉持对自己的坚强和温柔，是十分重要的事。

---

3. 日文写作"優"。

不要心生厌恶得
连自己都抛弃。

不自爱的人也不会爱别人。
能够接受原原本本的自己之时，
心中便能拥有温柔与坚强。

寻找"未展露的自我"

我的大学位于冈山，有两千三百名左右的学生，和五十年前我第一次去那里赴任的时候相比，我现在的发色、服装、谈吐、举止等都不同了。有些人很专注于化妆。问这样的人为什么会穿着那样的服装，妆容化得更自然一些不好吗，对方就会说"修女，这是我的个性"这种话。

有个词为 TPO，是 time&place&occasion 的缩写，虽然是时间、场所和场合的意思，但也意味着穿适合的服装。参加葬礼的时候穿红色的衣服就是欠缺常识的表现；开运动会的时候，如果有个老师穿带褶边礼服参加，会显得很奇怪吧。在典礼上穿 T 恤、牛仔裤也是欠妥的。同样，也有适合在大学穿的服装。与要求穿制服的高中相比，大学是相对自由的。但是，有自由也就意味着要承担相应的责任。按自己的个性生活是非常重要的。与此同时，我也希望她们能成为真正的自己。

相田光男有一首诗叫作《大家都是真货》：

西红柿

如果只做西红柿的话

就是真货

西红柿

如果想做哈密瓜的话

就成了假货

大家明明各自

都是真货

却折断骨头

变成假货

——《满溢的生命》，钻石社，1991 年

西红柿是一种随处可见、很平凡的蔬菜。但是，身为西红柿的我们，却想被人看作哈密瓜，怀着想被人看作一只哈密瓜的心态，因为哈密瓜的商品价值高，在某种意义上是上等的水果。

约会的时候，总会穿平时不穿的一本正经的衣服，倒不是说就一定要穿高档服装，而是说这个人呈现的不是自己平常的姿态，而是为了让自己看起来与平常不同而花费了一番辛苦。我对这样的学生说，你应该与愿意接受你本来样子的人交往。当然，和能启发你、磨炼你的人交往也是很好的事。但是，不要为了讨对方喜欢、为了不被讨厌，而变得不像你自己地去讨好

对方，勉强自己。穿着不习惯的衣服去约会，和别人见面时再穿别的衣服，那就是把真的变成假的了，不辞辛苦换来的只是疲劳而已。最重要的是作为真货成长，那才是你真正的个性、你的风格。

年轻人经常用"寻找自我"这个词，不过，所谓的自我这种东西，并不是打开壁橱就能找到的。所谓的寻找自我，是指不断地摸索自己到底是怎样的人。如果失败了，就好好地接受那份失败；如果成功的话，就会想"原来我也有这方面的优点吗？"而意识到至今没有发现过的自我。比如由于某个契机而成了小组的领导角色，如想象一般发挥了自己领导力的时候，就会想"原来我也有成为领导的资格"而意识到自己有这种潜力。

有个词为"未展露的自我"。我们并不清楚自己的全部潜能。从和众多人的相遇和各种各样的经验中注意到"未展露的自我"并塑造自己的个性是十分重要的。

自己考虑并选择做的事，如果是错的，下次就再稍微聪明些；如果是对的话，会觉得真好，心存感激。

我想，这样的人，能够用自己的方法寻找自我，并过上自己想要的生活，度过自己期待的人生。

从与众多人的相遇
和各种各样的经验中
注意到"未展露的自我"。

真正的自我，并非来源于寻找，
而是通过不断地探索自身、通过邂逅和人生经历，
被自己塑造出来的。

痛苦所教会的幸福

某个毕业生，入学三年多，终于获得了外出许可，给我写信说，"现在的我，看到一切理所当然的事都认为其闪耀着光辉"。那个人经历了痛苦，开始意识到，"理所当然"的事并非理所当然，而是值得感激的事。

在吃饱穿暖的时代，生活在物质丰富的环境中的我们，会认为有些东西是天经地义的。

虽说"总觉得无论什么时候都会拥有亲人和金钱"，但我希望人们能在失去之前注意到这些理所当然之物的价值。现在，我希望大家能认识到某些事物是值得感激的，某些事物是弥足珍贵的，这样人类就会变得幸福。幸福，是在被美好的东西包围时存在的。然而，幸福，和客观的拥有什么、处在什么状况下无关，而是与你是否怀着感激之心来看待世界有关。如果注意到这一切并不是理所当然的，而是值得感激的，幸福感就会增强。

　　常常是在被痛苦刺激后才能让一直懈怠的自己意识到，理所当然的事物是闪耀着光芒的。我绝不认为痛苦本身是好的。但人是不完美的。不完美的人一定会有痛苦。为了成为强大（真正的内心强大，是像竹子那样，不管雪积得多厚，都只会被压弯，绝不会折断）的人类，重要的是不逃避，去承受痛苦，并连同痛苦一并爱着，在爱中成长。

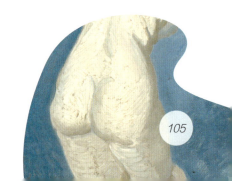

105

能意识到理所当然的事
实际上是值得感激的，
幸福感就会增强。

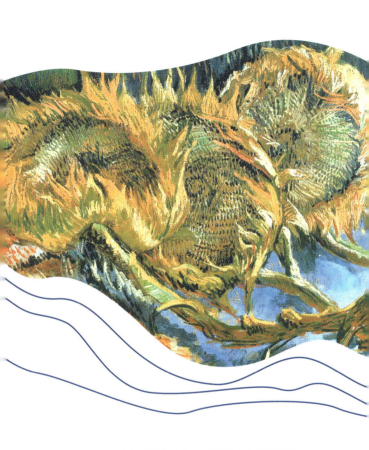

不从痛苦中逃离，而使其成为增益的话，

每天都会看起来更加闪耀。

擅长控制自己的情绪

　　情绪的起伏较小，被心理学者戈登·奥尔波特称为"情绪稳定"，被认作成熟之人的标志之一。无论是谁，都会有生气、高兴、恐惧、不安、悲伤、憎恨等情绪，只是不要把它们看得太重，掌控得住。拥有情绪绝对不是一件坏事。但是，应该学会在某种程度上控制情绪。

　　最近经常报道"感觉很憋闷，所以冲着谁发泄都行"这种情绪所引发的事件，对我们心中各种各样的情绪，首先应该承认它们是属于我们自己的，不是吗？要承认"我现在很生气"这件事。在承认的基础上，当然会产生不安，但经过适当的处理也就不算什么大事了，这是成熟的做法。"我再也不要考虑这件事了，即便考虑，也没有办法。如果考虑也没用的话，那时间就浪费了。"让自己在某种程度上保持理性、冷静地去处理事情，是很重要的。再者，将自己所感受到的事情充分地用语言和态度表达出来，这也是成熟的一个标志。

"我因为这件事，现在很生气。但是，生气也没办法，只好压抑着"，或者是"我因为这件事而非常悲伤"，但不知道说出来的话能否清晰地表达内心的感受。我们不能对哭泣的婴儿说"你哭的话，我也不明白是怎么回事，说出来吧"。相对而言，大人则能把当下心中各种各样的情绪，用人类的语言表达出来，既然能用语言表达，在一定程度上就可以得到控制。

母亲在我年幼的时候说，"你心中烦恼的大小，决定了你的心的大小"，也有"小事不要烦恼，不要被小事剥夺心神"的教诲。事情的大小，要由自己来判断。在控制情绪方面，我认为这也是很重要的一点。另一种办法是，在行动之前进行彩排，这也是很有效的。例如，想着"现在不得不去见那个老师。如果我去见那个老师的话，不知不觉就会变得态度无礼"，就事先自己演练一下见到那个老师时的表现。这样做的话，届时就不会那么失礼了。

而比任何事都重要的是，让你的身体和心灵都不累。情绪起伏剧烈，会使身体很累。所以，早上好好吃饭，晚上好好睡觉，让身体和心灵一起健康度过每一天吧。

111

承认自己的情绪。
在承认的基础上，
不要太当回事。

生气也无所谓。不安也没关系。

但是，不要被情绪所摆布，迷失了自我。

第 3 章

我所走过
的道路

承受
被赋予的
考验

　　我从儿时起，就承受着"被生下来，十分抱歉"的罪恶感。因为，对于四十四岁且有一个女儿、两个儿子的母亲来说，我绝对不是"想要的"孩子，这是我后来从姐姐那里听说的。

　　为了反抗这个从娘胎里带来的感觉，我觉得，自己不比他人优秀的话，活着就是一种愧疚。不知不觉地，我就成了一个竞争心强、争强好胜的人。同级的同学说我"和子就像鬼一样"，即便回到家后，我也要反

抗对我严加管教的母亲。

那是一九四四年末，由于东京被不分昼夜地空袭，人们的生命受到了威胁。我不想怀着慌乱的心情死去，就在某一天去拜访了母校双叶高中的修女，跟她倾诉烦恼。

"如果想改变自己的话，接受洗礼就好。"那是我第一次加入修道会，在校时一直对基督教反感的我，却顺从地接受了这个修女的话，读起了她递来的《圣经》，接受特训。来年四月，我将在空袭中接受天主教的洗礼，应该是因为切身地感受到了死的气息吧。

母亲虽然对我做的事感到非常生气，但是到了四月末，人们被强制从东京向山梨疏散，这件事就不了了之了。我记忆中是在山梨迎来了战争的结束，十月左右回到了东京。

战败后，军人家庭的经济状况很是困难。我靠打工总算撑到了大学毕业，到了上智大学国际学部就职，当时修道会入会的限制年龄是三十岁，而我当时

二十九岁零七个月，勉强够格加入了巴黎圣母院清心修道会。

之后，我遵从修道会的命令去美国修行，又遵循命令获得学位后回国，那时我三十五岁。之后我又被派遣到冈山的四年制大学，第二年，第二代校长突然死去，三十六岁的我被任命为那所大学的第一位日本籍校长。

十八岁的时候，我受洗的动机基于自我的需求。此后，在修道院的十一年间，我一直都过着马虎的信徒生活，但在美国度过的将近五年的日子里，我第一次学到了基督徒的生活方式。

百余名美国修道者所秉持的"与生俱来"的信仰深度，基于这样一句圣言："神，不会给一个人他所承受不了的考验。在考验中，总会给他相应的忍耐力并为他备好逃离的道路。"诚如这话所说，我也成功地于诸多痛苦中在美国坚持生活了五年。

正是这句圣言让我成功地经受住了返回日本后的

意外考验，担任从未做过的管理职位并处理修道院内复杂的人际关系。在学校，我的地位显赫，但如果回到修道院的话，以修女的年龄来看，我却是最年轻的一辈。由于从未有日本人担任过那所大学的校长，我忍受着非难和巨大的角色压力，学会了谦虚地生活。

"凡劳苦担重担的人，可以到我这里来，我就使你们得安息。我心里柔和谦卑，你们当负我的轭，学我的样式，这样，你们心里就必得享安息。"

无论是轭还是重担，都未必能除下，但是，可以背负得更轻松些。为此，必须让自己变得柔软而谦虚。争强好胜，总是以"第一"为目标的我，就把这句话理解成了要把温和谦逊做到"第一"。

"不会给人以他所承受不了的考验的神"，在我八十六年的历程中，给了我相当多的考验，果然如说好的那样，神每次都给我预备了相应的忍耐力与逃避的道路。

在正当壮年的五十岁时罹患抑郁症，六十岁过半时患上了胶原病，由于其副作用而导致骨质疏松症，三次的压迫性骨折以及那种疼痛，还有避无可避的衰老重负，这一个一个考验，都要用双手去领受，我知道，从今以后，我也要靠这句圣言继续活下去。

> 天父大人
>
> 不管吸入怎样的不幸
>
> 呼出的一定是感谢
>
> 因为这一切都是带着恩泽的呼吸
>
> ——河野进[4]

---

4. 河野进（1904—1990），日本诗人，曾获"圣良宽文学奖"，担任过日本基督教团玉岛教会名誉牧师、日本基督教救助协会理事等。

神会给予你承受考验的力量，
与逃避的道路。

神不会给予你承受不了的考验。

所以，无论发生什么都要怀着信念，继续前行。

难以忘怀的
母亲的
背影

　　即便距今已五十多年，我还是忘不了母亲的背影，那是我进入修道院几个月后首次被允许在接待室会面之后，母亲一个人推开大门离去时的背影。

　　我三十岁进入修道院的时候，母亲已经步入七十多岁的后半段了，她一个人出门，有时也会迷失方向，外出时我总是陪伴着她。而我丢下了这样的母亲，加入了教会。没有了我的陪伴，母亲一个人来见我，手中紧握着一把伞柄很长的淡蓝色遮阳伞。目送着一边发出笃笃声音拄着伞一边走出门去的母亲的背影，我

没能忍住眼泪。

我想跑过去，换掉伞，用手去搀扶母亲，但这种行为终归是不被允许的，我细细体味着这种悲伤，而母亲一次也没有回过头看这样的我，就那么回去了。那个背影，仿佛镌刻了母亲在七十多年岁月中所经受的诸多艰辛，让母亲的后背好像变得比以前更弯曲，更小了。

在进入修道院之前的七年间，我为了援助家里的经济而开始工作。我将每月的工资悉数上交，母亲领受之后常常是先供奉在佛龛里。她的背影，在上了年纪之后，似乎沉浸在对犹豫再三还是生下来的女儿的复杂想法中。

发生过这么一件事，关于以后从事的工作，我提出了进修道院的想法，母亲虽然说着"为什么不想结婚呢"，但也没有表示反对。回想我入会前的那个夜晚，在浴室中，母亲一边洗着我的后背，一边念叨着"结了婚女人也不一定就会幸福"这句话，这或许可以作为三十年来看惯的母亲背影的概括。

镌刻了诸多艰辛的
母亲的背影。

无须多言，父母的背影
总能传达给孩子各种各样的感受。

我所选择的生活方式

　　"你，考虑事情太过现实了，没有梦想。"

　　我从儿时起，就经常被六岁的哥哥这么说。

　　现在，回顾自己的生涯，我确实没有怀着"梦想"生活。这或许是受父亲和母亲都是努力之人的影响。我从来没有被教育要"拥有梦想"，而只是被教导要一味地朝着目标前进，确实地活在当下。

　　从十五岁到二十岁，我几乎每一天都是在战争中度过的。如果那时候我有梦想的话，可能就是吃一顿饱饭，不用在每次空袭警报响起时都往防空洞里跑，晚上能睡得很香甜。

日本战败后，旧式军人家庭的养老金和扶助费的供给也都被废止了，经济状况很艰苦。这时候，为了支付升入医学部的哥哥和我自己的学费，我就成了家中赚取生活费的唯一劳动力，从二十岁到二十五岁，我要兼顾打工和学业两方面，过着没有梦想的生活。

大学毕业后，我作为职业女性度过的那五年，也是没有余地谈梦想的日子。但是，我很幸福。原封不动地把工资上交给母亲时，她充满喜悦的脸，还有职场每一天的挑战，充实了每一天。临近三十岁时，我加入了教会。我，选择了与梦想无缘的生活。

拥有梦想而活也是很棒的。修行生活不是做梦，而是为了把与神达到一致作为目标的求道生活而准备的。作为修道者，我被允许做的梦是，终有一天，我会被圣主耶稣的圣言所召唤，获得永恒的生命。

确实地活在当下。

也有不抱着梦想，一味朝着目标努力的生活方式。

在自己选择的道路上一步一步地踏实前进吧。

受伤
会给心灵提供
发光的机会

　　我成为修道者已有五十多年了，但是要说在这期间即使受到伤害，心里也不觉得痛苦的话，那就是谎言。

　　出于好意，帮别人做事后没有得到一句"谢谢"，反而被当作坏人，这样的经历我有过好几次。"手被宠物犬咬了"这样的想法，也品尝了不止一次。

　　也会有想尽情报复的时候。之所以没有那么去做，都多亏母亲从我年幼时就训导我，不能因为对方而降低自己的水平，拿耶稣基督的话来说，这叫作"宽恕"。

虽然我也想过，报复的话，心情会多么畅快，不过，从另一方面想，即便那么做了，我也不得不体会伤害对方所造成的心痛，这是我从痛苦的经验中学习到的。

为了治愈自己心灵的疼痛，首先最重要的是"切断执念"。如果一直沉浸在伤痛中的话，我就会处在对方的支配之下。因为是人，所以不可能一下子就切断执念。但是，只有选择原谅，我们才能从对方的束缚中获得自由。

在我还年轻，还没有接受洗礼的时候，某个人教会了我这句话。

"你的心会感到疼痛，是带着荆棘冠的耶稣近在身侧的证据啊。如果血从心中流淌出来的话，请把那想成是在十字架上受难的耶稣伤口中流出的血。"

在受到伤害的时候，正是耶稣靠近你的时候。我的痛和流血，是耶稣近在我身旁的证据。这样想的时候，就会觉得，即使受伤，即便痛苦，也是值得的。

不选择宽恕的话，
就会处在对方的支配之下。
为了自由，
"切断执念"是很重要的。

报复是让自己的人格下降的行为。

宽恕对方也是为了自己。

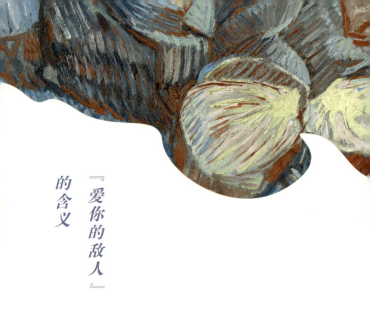

"爱你的敌人"的含义

我九岁时就有了杀父之仇。当时，三十几名陆军青年军官和士兵在早上六点前，乘坐卡车来到我家。父亲十分机智地让我在千钧一发之际藏在了矮桌后面，军官们装备着轻机关枪，在距离我一米左右的地方将父亲残杀后离去。在血海中，父亲死了。那个卧室中，只有父亲和我。于是我成了"见证父亲临终的唯一一人"。

我经常被人问，对杀害我父亲的那些人"您憎恨吗？"，我每次都会说："并不，那些人也有那些人的正当理由，所以我并不恨他们。"

然而，在我进入修道会二十多年的时候，某个电视台请求我说，在二月二十六日左右，"无论如何都希望您能在电视中登场"。我父亲死时六十二岁，但一起被杀的大臣斋藤实和大藏大臣高桥是清等当时已经年过七十，所以，电视台说，欢迎子女们一起登场。因为我是被杀方唯一的活证人，所以我同意了电视台的邀请。结果，我完全没有被告知，我是为了和杀死父亲一方的一个士兵一起登上电视而被邀请的。

我真的很吃惊。杀人的一方和被杀的一方绝无交流。电视台的人很体贴地端来了咖啡，我想着"真是幸好"，把咖啡杯端到了嘴边。然而，无论如何我也不能喝下那杯咖啡，连一滴都不行。这真是不可思议。那是很普通的咖啡，从时间上来看，是早上十点半左右的晨间咖啡。那时候我痛切地感觉到"自己心里可能还是无法原谅"，同时我也感觉到"我果然还是流着父亲的血"，体会到了"爱自己的敌人"一事的困难。

即使头脑原谅了，身体有时也会不听自己的。现在，如果要我践行《圣经》中的"爱你的敌人"这句话，那么至少我不会期盼对方发生不幸。现在，虽然我不知道对方是否还活着，但对我来说，祈祷"希望他们晚年幸福"就已经竭尽全力了，我想，这就是遵循圣主耶稣所说的"爱你的敌人"这句圣言的含义。

人类是脆弱的，虽然嘴上说得漂亮，身体却总是不能遵循。我认为，能够体验这件事，就是一种恩惠。

被人问到"修女，虽然我想原谅但却做不到"时，我变得能说出"这样啊，我也有这种想法呢"这样的话来了。知道有语言能说出来但身体办不到的事，就能原谅那样的自己了。

即便头脑原谅了，
也有身体无法原谅的事。

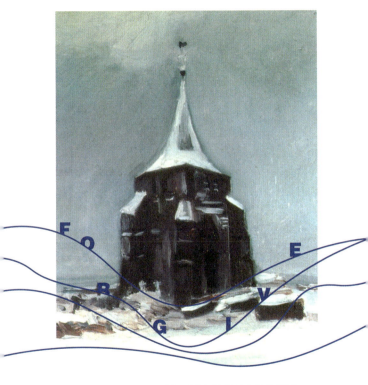

至少，不去祈求对方发生不幸，
心中铭记这一点活下去。

对后果负责任的觉悟

在多数场合中，关乎个人的事被称为"决心"，而会对其他人产生影响的事被称为"决断"。

例如，是否在大学中增设新学科就需要做出决断。所谓的决断是，在做出决定之前，要综合必要性、优点、缺点、自己的考虑、他人的意见来做出判断，而推行起来的话，又必须慎重地考虑时间、方法等。并且，最重要的是要有承担那个决断后果的个人觉悟。

进入修道会后，我被派遣到美国，被要求在研究生院取得教育领域的学位。必修科目之一是"管理和运营"，听讲者大多数是社会人。某一天，教授要求同学们用一句话来形容管理职位，很多同学发言回答，深深留在我心中的一句是"所谓管理职务，就是不断地处于被迫做出决断的位置"。回到日本之后，从三十六岁到现在一直从事管理工作的我，意识到这条道路就是要持续地"做出决断并推行"。我面临过在反对中推行，或受到中伤的情况，也体会过虽然推行了但没有达到预期的挫折，还面对过不得不改变当初的计划的情况。

做决断所需要的是抛开私利私欲、倾听他人意见的谦虚，而推行所需要的是具备不惜做出改变的灵活性，同时也要有干到底的坚定信念。

"顺利进行，是多亏了大家。失败了，则是自己的责任。"

研究生院课程中教授的话，总是在我心中回荡。

一切都是为了神的荣耀，一边不断地祈祷圣灵的照耀，一边做出决断并且推行，这才是比什么都必要的事。

做出决断，
需要具备抛开私利私欲、
倾听他人意见的那份谦虚。

做出决断后，为了推行，需要具备灵活性和坚定的信念，
并且，不要推卸承担后果的责任。

特蕾莎修女
教授的
祈祷姿势

"不要成为提倡祈祷的人，而是去做祈祷的人。"

这是特蕾莎修女说过的一句话。

那是一九八四年十一月末。一天，特蕾莎修女和另一个修女一起早早地乘坐新干线从东京出发，去往原子弹爆炸之地广岛。她们在那里做完关于和平与祈祷的演讲后，再次乘坐新干线到达冈山，和教会中的一众人谈话，接着，因为教堂内的人太多了，就改用显示屏和聆听教诲的人再次做了简短的讲述。

　　之后，她们又坐车到达我们的大学，当时已经是晚上八点多了。尽管从早上开始就一直在奔波，但特蕾莎修女还是给叉着腿坐在地板上等待她的学生们做了简短的讲话。

　　当七十四岁的修女在我们的修道院内安顿下来的时候，时钟已经指向十点以后了。"累了吧？请您休息吧。"在我带她去房间的时候，修女对我说："今天，我还没有在圣体前祈祷。"在之后的一个小时里，修女在教堂做祈祷，直到第二天早上四点半才去睡。

　　特蕾莎修女是会做祈祷的人。虽然我也认为祈祷很重要，但也意识到自己总是机械地握着念珠祈祷。而纠正我祈祷心态的就是那个夜晚不肯用一整天的"工作"来偷换祈祷一事而在圣体前弯着腰垂着头，手上握着念珠的特蕾莎修女的身姿。

　　立在那里的并不是一个倡导握着念珠祈祷的人，而是把握着念珠祈祷视为"祈祷之事"，将自己视作"祈祷之人"的修女的身影。

**并不只是提倡祈祷，
还要去做祈祷的人。**

成为一个并不只是说出祈祷的话，
还能在心中祈祷并践行的人。

承认

自己

上了年纪

"老当益"这三个字后面跟着的，是赞扬的话语也好，是讽刺的言辞也不必介意，无论接哪个都没有毛病。

我受人之托做讲演，来迎接的人似乎很钦佩地表示："您一个人来的吗，没有陪伴您的人吗？"

我心里想，是这样吗，遇上了难得的饭菜，就想努力去吃，对方便说"修女，您真是和年龄不相符，是个大肚汉啊"；我就又后悔地想，不勉强就好了，剩下就好了。总之，上了年纪，总觉得自己变得乖僻了。近来我告诫自己，这可必须注意呢。

我在六十多岁、七十多岁的时候，虽然患过很多疾病，但却不怎么觉得自己上了年岁。到了八十多岁的时候，我突然深切地感觉到自己老了。并且，到了这个岁数，对生下让自己得以工作的身体并培育自己长大的父母，有了更深的感激之情。

现在我所领受的工作，我都不知道什么时候才能做完。年轻的时候，能为了他人做到的事，现在也都无法保证了，以前三十分钟可以做完的事情现在要做一个多小时，我感受到了自己的窝囊。而对于工作了八十六年的眼睛、耳朵还有其他疼痛的身体零件，我只该道一声"一直以来十分感谢"，而不该责备它们，我越发希望自己能成为一个不自责的人。

老了以后能更深切体会到的事就是，原原本本地接受这个不争气的自己，保持好心态，心存感激地去生活。以前忙的时候，经常会疏忽与神的沟通，而现在我深切地希望能加深这种沟通。

接受窝囊的自己，
保持心态，心存感激地去生活。

即使年轻时能做到的事老了以后可能没法做到，
仍要感激现在还能做到的事。

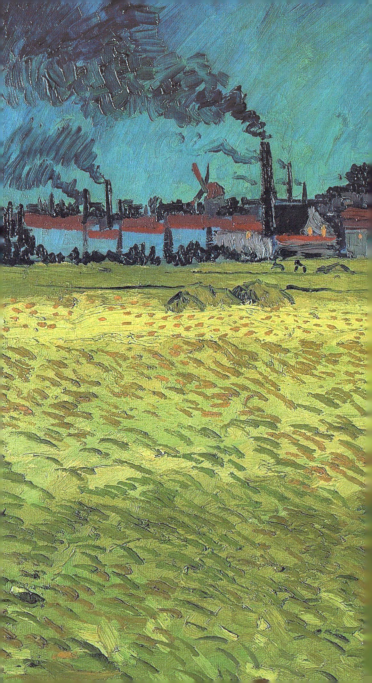

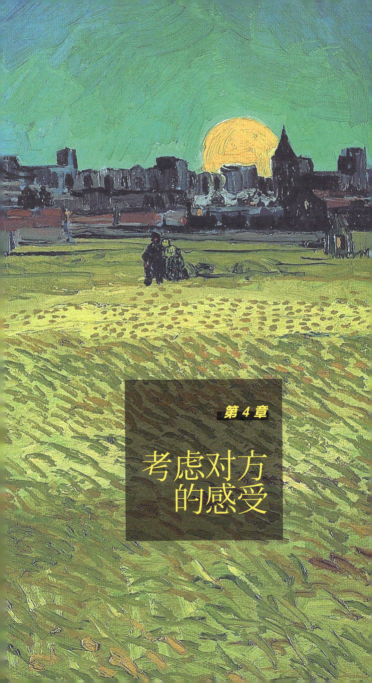

第 4 章

考虑对方
的感受

即便对讨厌的人，
也不要
否认其价值

我所任教的大学，开设了儿童学这一学科。询问这个学科的学生为什么选择该学科，他们回答说"因为喜欢孩子"。对此我说："那也很好。但是，只是喜欢的话，是不能教导孩子们的。请不仅是喜欢，还要爱。"我们都必须清楚"喜欢"和"爱"的区别。

所谓爱，是指被对象的价值所吸引。例如，在炎热的时候被背阴处吸引，在寒冷的时候被朝阳处所吸引，是自然地被吸引。而所谓爱着某人，是寻找到了那个人的魅力所在，并被其吸引。也就是说，是知道了对方的价值而被其吸引。

我也有对食物的偏好。我不喜欢吃青椒，但在其他的修女中，也有非常喜欢吃青椒的。青椒颜色丰富，营养价值也很高，还很廉价，有着各种各样的价值。而我没有否定这些价值的权利。

与此相同，人际关系也可以说是如此。不管怎样，我们都会遇到合不来的人。即便是这样，也不可以否定那个人的存在价值。即便是讨厌的人，他也很重要，不可否定，不能拒绝承认其价值。

另一点是，关于爱，我们有错误的认知。学生对我说"修女，我的男朋友很温柔呢"，而我问到"怎么温柔"的时候，她说，"我用手机联系他的话，不管我在哪里，他都会来接我，跟他说有想要的东西，其中大部分他都会给我买来"。但如果只对一个人温柔、对他人都冷淡的话，那并不是真正的温柔，那样的温柔并不能被称作爱。如果只爱自己喜欢的东西，那就是对自己的爱。

真正的爱，是与全世界相关的爱。特蕾莎修女给我们树立了一个好榜样：不求任何回报地，对被人们见死不救的孤儿、流浪者，被人们厌恶的病人和贫穷之人倾注爱。我认为，在心中培养这种爱是很重要的。

真正能被称为爱的东西是很严格的。德国社会心理学者埃里希·弗洛姆曾说，"爱这种东西，不是单纯的热情，而是一种决心、判断和约束"。

我爱着对方的什么，对方爱着我的什么，当这些东西消失的时候，我还会继续爱着对方吗？用如此冷静的眼光去客观地做出判断。除此之外，还不可忘记的是温暖的心与宽恕对方的心。

要抱有"冷静的眼光"
和"温暖的心"。

爱有时会让人盲目。

正因为有冷静的判断和接受对方的温柔，

二者并存，才能获得充满爱的人生。

感激
曾经承受的
批评

　　我认为，如果我们不与自己做斗争的话，就无法保持坦率。每个人都不相同，如果不记着这一点，认为"大家应该都和我想的一样"，就会感到很生气。如果你对某个人很生气的话，那么请谦虚地反省自己是不是哪里错了，然后抑制自己内心的愤怒和焦躁。我想，如果不这样与自己做斗争的话，人就无法保持坦率。

　　所谓对自己坦率，是具有能够坦诚对待自己的信念。虽说如此，在被人指出"那个信念错了"的时候，也请不要感性地对待问题，要客观地进行考虑。如果对方指出的意见是正确的，那么在心里想着"谢谢"的同时要回复"十分感谢"。为了能做到这一点，和自己做斗争是很有必要的。

如果站在对方的角度来看，不责备你，放着不理会你，也没关系。请你理解，正因为有感情，对方才会责备你。虽然有时也会不清楚对方是不是真的对自己有感情，但是若听到"谢谢"这句话，批评或是发怒的人也会稍微考虑一下。之后，彼此之间是不是就能稍微地变坦率一些呢？

人不可能在一朝一夕间改变自己。但是，失败了也要站起来，下次就能失败得好看一点儿了。怎么样才能成为想成为的自己呢？每一天都注视着自己，和自己战斗吧。不要只是在头脑中想，这样是无法接近自己的理想姿态的，还要一边感觉着疼痛，一边和自己做斗争，把自己锻炼成自己想成为的样子。我想，这份积累，会渐渐地孕育出坦率的。

和自己做斗争，
渐渐地变得坦率起来吧。

被责备的时候，不要怨恨对方，要感谢他。

想控制自满情绪的话，就有必要和自己做斗争。

不让他人产生反感的两条规则

成熟的人必备的民主人格性特征有"与他人保持温暖的联系"以及"能做到关怀他人"。举例来说，就是成为一个会考虑自己所做的事、没做的事，即所谓的作为、不作为给他人带来何种影响的人。

"你们愿意人怎样待你们，你们也要怎样待人"，这被称为《圣经》中的黄金规则。孔子也说过这样的话，"己所不欲，勿施于人"。自己做起来辛苦的事情，不要施加给别人，这也许也可以被称为白银规则吧。

希望我们每个人都能把这黄金规则和白银规则当作自己的规则。

在学生们聊天的时候，我无意中听到某个小组中的一个人说，"我这个夏天去了夏威夷"。于是另一个人说，"哎呀，我去了欧洲呢"，然后就把说去了夏威夷的那个学生的话打断了。

我们常常会打断或盖过他人的话，我认为这件事得引起注意。民主的人格性，也可以说是我们作为大人的一个特征，就是倾听对方说的话，然后在该说的时候说，在不该说的时候不要打断对方的话。其中包含着"关怀"。那是对我们自己的作为、不作为会给对方带来麻烦还是导致不好的心情，或是让对方感觉幸福，而进行的有意识的行动。

请记住我们有两只耳朵却只有一张嘴这件事吧。

做让自己
开心的事，
也做让别人开心的事。

成为考虑自己的行为会给对方造成影响的人。

耳朵有两只，嘴只有一张。

不打断对方的话，倾听是很重要的。

「了」字的哲学

在我所任职的圣母院清心女子大学，即将毕业的学生需要找时间去聆听神父的话。持有律师资格证的神父以这段话为开场白："虽然我是神父，不能结婚，但作为律师，我接受过各种各样的夫妻的咨询。因此，我决定教一教你夫妇美满的秘诀。"（因为当时是在大约三十年前，情形与现在不同，那时很多人都很早结婚。）

"如果丈夫工作完，回到家说'啊，累了'，请回答'累了吗？'。丈夫夏季回家说'真热啊'的时候，请回答'热了吗？'。这就是'了'字的哲学。"神父如是说。

"当对方说'累了'时回复'我也累了'，对方说'真热'时回复'因为是夏天，所以当然热'之类的话，就会变成吵架。首先，请领会对方的心情。自己当然也会有不满吧，但是请稍微压抑那种心情，体会对方的心情，这是非常重要的。"神父如是说。

这对我们来说也是很重要的。例如，在和朋友谈话的过程中，是不是开始自说自话了呢？这就是没有遵循"了"字的哲学。虽然有时也会遇到不得不做出恰当反应的情况，但请体谅对方的心情，做出温暖的回应吧。不要甘心于"并非不亲切"，努力变得"亲切"吧。只是"不冷淡"是不够的，要努力做到"温暖"地回应。

稍微控制一下自己的不满，
首先接受
对方的心情。

　　"……了吗？"这一句话，就能贴近对方的心。

　　如果心贴近的话，两人之间就会产生暖意。

挫折和障碍让人变坚强

有人说:"现在的孩子抗压能力差。我想,原因之一,就是这些孩子不是在海里学的游泳,而是在游泳池里学的。"也就是说,因为没有机会经受波浪就长大了,所以在遇到世间的风浪时无法应对。

道路也是同样的。现在的道路几乎都是被铺好修好的,人们很少走在凹凸不平、泥泞、满是石块的路上了。但是,我们的一生绝不仅仅走在平坦的道路上,也不会永远处在没有风浪、温度适中的游泳池里,我们会被很多的障碍物挡住，遇到堵住前路的墙壁。

在成长的过程中，孩子想做的事，就让他去做，不想做的事情，就可以不用做。然后，被这种"自由"培育出来的孩子，在撞到墙壁的时候会不知如何是好，感到失落，甚至失去生存的勇气。

"墙"这种东西，是人类成长过程中不可缺少的东西，是为了让人了解世间的艰辛，让他们意识到不可能所有事都称心如意所必需的东西。

因为撞到了墙，人就会意识到世上有和自己迄今为止秉持的价值观不同的价值观，从而审视自己，这便成为改变自己的生活方式、主义与主张的好机会。

"墙"也未必全都是非超越不可的东西，也可以是一种必要的存在。世间德高望重的人自不必说，处在父母、教师立场上的人，都应该倾注感情，成为孩子的墙。

为了实现成长，
"墙"是必要的。
大人应该满怀着爱，
成为孩子的墙。

教会孩子这世上总会有不能称心如意之事，
　　　　　也是成年人的义务。

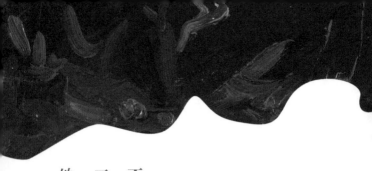

不释放

二噁英

地生活

现在，社会呼吁抵制二噁英造成的健康损害，减少汽车的尾气排放，细化垃圾分类，为净化环境而费尽心血。

我想，不高兴，是很大的环境破坏者。不高兴的面孔、伤害对方的话、冷淡的态度，被无视而产生的二噁英，不会散布到家庭中、职场上、上下班的途中等地吗？特别是在家庭中，对配偶和孩子，是心平气和地去沟通吗？

也有人说，"带着一副可怕神情的和平主义者不是真的和平主义者"。

想要保持平和的心态，应该重视笑容。我们还会遇到很多讨厌的事、气愤的事、想发牢骚的事，或是想顶嘴的事、想报复的事（而且是加倍报复）。在这种时候，请回想起年幼时母亲说的话，"你人格的大小，是由破坏你心情事物的大小决定的""你没有让他人的生活也灰暗的权力"，让自己冷静一下，做出正确的事。

欺凌现象是不会消失的。现在，侵蚀孩子心灵的东西，意外的是大气中无法被检测出的二噁英。那或许就来源于我们无情的话语、冷漠的表情和态度。

笑容多的家庭，必定相互之间会说体谅、关怀的话语。请不要吝惜，去交换信赖与微笑吧。因为，在一生结束时能留下的并不是我们所获得的东西，而是我们所给予的东西。

我们,
没有让他人的生活也变灰暗
的权力。

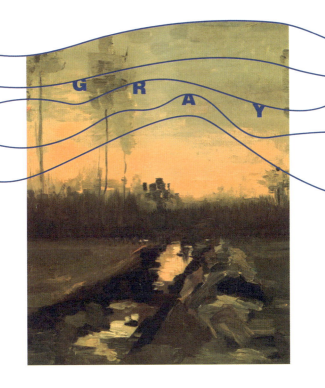

为了不释放出二噁英，

请一定要注意。

每个人都是
绽放于世间的
『唯一之花』

经常做比较的人，很容易成为极端自卑的人或极端自负的人。和自己完全一样的人，在全世界，即使是全宇宙，也找不到一个。奥地利研究宗教的哲学家马丁·布伯说："这个世界上新诞生的婴儿，是此前谁也没见到过的新事物，是带着独一无二性诞生的。在其出生前，没有与其相同的人，在其死后，也不会有同样的人出现在这个世上。如果出现了，那个人就没有出生的必要。那个人是唯一的、独一无二的人，他有知道这一点的权利。"

不管自己多么悲惨，和他人相比时，也不要有"为什么我会做这么愚蠢的事情呢？因为做了这样的不可挽回的事情，所以我还是死了的好"这样的想法。人当然会有这样想的时候。我也曾陷入过自我厌恶："我在这个世上活着真的好吗？"成为修女之后，我也这么想过。那个时候，我就用马丁·布伯的"人有着除了自己以外，没人能完成的使命，有着除了自己以外，无法被给予的爱"这句话来劝说自己，不管是多么艰辛的时候，都不能放弃自己的生命，或是去折磨充满自卑感的自己。

我们总是容易拿别人和自己做比较。如果看到优秀的人，请不要沮丧，以他为努力目标吧。"我想成为像他那样有同情心的人""想成为像他那样努力的人"。自顾自沮丧的话，没有任何意义。要是遇到比自己还差的人，那该怎么办才好呢？那时候，就把他当作反面教师吧。"注意，不要像那个人一样说出伤害别人的话。因为他伤害了我，我感到非常痛苦。"

我喜欢"我以外皆师也"这句话。虽然我长时间任教，但我从我的学生、小学的儿童、幼儿园的孩子以及家长的身上，都得到过教诲。人不能忘记"我以外皆师也"这种谦虚的心态。

我是我，别人是别人，人具有独特性。正因为我是这个世界上唯一的、拥有名字的、不可替代的"唯一之花"，所以不必去模仿其他人。如果要做比较的话，就把他人当作努力的目标或是作为反面教师来看好了。你保持你自己的样子就好，没有成为其他人的必要。另外，如果你觉得他人和你的想法一样的话，那就犯了个大错误。每个人都是独一无二的个体。怀着尊敬之心，学习该学习的地方，丢弃该丢弃的地方吧。

没有必要成为其他人。
但是，认为其他人和你一样，
是个大错误。

我们每个人都是不可替代的存在。
与他人做比较也不必垂头丧气，把他当作努力的目标吧。

关注

『问题出在哪儿？』

年幼的孩子，在无法达到自己的目的时，就只会哭和发怒而已。相对的是，大人在发生问题的时候不会只是惊慌失措，而会在心中思考怎么做才能解决问题。如果不以这一点为中心来考虑的话，那就只会在那个问题周围转圈，而无法走到解决问题那一步。

一天早上，修道院厨房的排水口堵塞了，水不流了。那时候就看出了成熟度低的修女和成熟度高的"老成"修女应对方式的区别。成熟度低的修女说着"到底是谁最后使用了啊？""到底洗了些什么啊？""是谁？"去寻找"犯人"。而相对的是，成熟度高的修女说着"怎样水才会往下流呢？""必须把负责的大叔叫过来""或许，必须用特别的器具把堵塞的东西取出来才行"，都是把解决问题当作中心来讨论。

为了解决问题，必须保持冷静。我们常常着眼于"是谁做的"而忘记了"出了什么问题"这件事。有这样的人，"反对某先生说的""赞成某先生说的"；也有这样的人，"某人说的正确的话就赞成，不正确的话就反对""即便是喜欢的人说的话，自己不同意的时候也反对""即便是最讨厌的人说的话，如果自己认为正确也全力赞成"。不要看是谁说的，而要看他说了什么，把问题出在哪儿作为中心，这是成熟之人的一个特征。

189

不看是谁说的，
而看他说了什么，
把问题出在哪儿作为中心。

寻找"犯人"并不能解决问题，
冷静下来，看清问题的本质才是最重要的。

爱是不需要考虑效率的事

一九八四年特蕾莎修女访问日本，我担任随行翻译。这是发生在那时的事情。特蕾莎修女讲完话后，一位男性提了一个问题："我非常尊敬修女您。但是，我有一个不明白的地方。为什么要使用稀缺的药品和本就不充足的人手，来照顾一个即便接受治疗也一定会死的危笃之人呢？"那个男人私下里一定会说这一切都是白费力气吧。

修女的诊所真的很穷，只有少量的药物。虽然有全世界聚集而来的志愿者拼命地工作，但也照顾不全众多的穷人、生病的人和濒死的人。因此，这个男人的提问，在某种意义上是应该提的问题，我在翻译的过程中也想着确实是如此。我正在想该怎么回答的时候，修女就毅然地说，"我今后也会继续下去"。

在加尔各答有一个被称为"垂死者之家"的福利收容所。那是一个为了让流浪的或濒死的贫穷者可以安宁地迎接死亡的地方。待在那里的人大都是不被期望出生的，被人们视作麻烦的人，不自觉地，他们便会觉得自己是否活着都是一样，不如说不活着才是为了世界好，所以也不会得到神佛的帮助，他们都是一些抱着这种念头的人。

而"垂死者之家"会给这些人吃他们出生以来从没吃过的药，让他们感受到从未感受过的温暖援助，并且会询问他们的名字和宗教信仰，认同他们作为一个人的存在。看护的"看"字是由"手"和"目"组成的。发放药物之类的事当然也很重要，但看护的原点是温暖的手和目光，这种温暖更能治愈人的心灵，

给人以满足。

"投放药物并用温暖的手和目光施以看护，几乎所有的人都会说着'谢谢'而去世。让即便怨恨父母和认为世间并不存在神佛的人在死亡之际发出感谢，为了这个目的而使用药物并施加援助，没有比这更高贵的事情了。"特蕾莎修女如此回答。我们总是考虑效率、合理性。我一边翻译修女的话，一边想着自己也忘记了重要的事。

修女说："濒死之人临终的目光，永远留在我的心中。如果能让世上被抛弃的这个人在最后的重要瞬间感觉到被爱的话，我什么都愿意去做。"这真是美妙的话语，也是崇高的感情。

修女在全世界飞来飞去，但无论在哪里，她心里总是记着贫穷的人、生病的人还有濒死的人最后的目光。这是我做不到的事。正因为这些人在一生即将结束的重要时刻感觉到自己是被爱的，感觉到自己被当作一个人来对待，所以才会说出"谢谢"这样的话来。

特蕾莎修女说"也有人浮现出了微笑，那真是件美丽的事"，那不是化妆之类表面上的"美"，而是将痛苦的人生一笔勾销，带着感谢的话语和微笑死去的"美"。修女的工作并不是展示怜悯，而是让每个人都能保持人类的尊严活着并死去这种愿望的外在表现。

看护的原点
正如"看"字所揭示的，
是温暖的手和目光，
请别忘了这一点。

即便医疗机器发展得再先进，也无法传达温暖。

体贴的话
能救赎
人的心灵

　　我曾经教导学生："遇到身体活动不便的人时，要跑过去，帮他们把门打开，等他们过去之后再把门关上。"然而，在自动门普及的今天，这样的机会变少了。自动门很方便，即便对坐轮椅的人来说也是如此，只要走到门前，门就会自动打开。

　　某个人曾说"所谓文明，就是使独自一人生活成为可能"，现在诚如他所说，自动门、自动洗衣机、电磁炉、加工食品之类方便的事物，不需要人与人之间的互

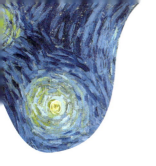

相帮助，我们经常会忘记待人应有的体贴和温存。

特蕾莎修女曾说"爱的反面不是憎恨，而是漠不关心"。"爱"的反义词虽然是"恨"，但真正的反面是爱的不存在。在"憎恨"谁的时候，其中多少包含着对那个人的关心。虽然那未必是理想的人与人之间温存的关联，但是，至少关联是存在的。最可怕的是，连关联都不存在。于是，忘记对方也是和自己一样能感觉到悲喜的人类，就像对待物体一般去对待人。

我在收拾早餐餐具的时候，有个患花粉症的修女过来说，"昨天我鼻子堵了，直到深夜都没睡着"，而我回应说："修女，你按照医生说的，好好吃药了吗？"说完之后，我就开始反省。

我既没有无视修女的话，也没有做不亲切的回复。但是，我意识到，我的回答虽然不算不亲切，但也算不上亲切。

某个患者住院时因为睡不着，就和医生商量。医生说："我明白了。那得增加药量，我还是换一种药吧。"

之后，这个人又对护士说了一遍，而护士说："夜很长吧。真是辛苦呢。"他对我说，这句话救了他。一想到这件事，我就开始反省自己为什么没能顺着修女的心情，说出"真是辛苦呢，今晚一定会睡着吧"这样温存的话来。

就算没有不亲切，
也要注意到自己欠缺亲切。

因为太忙，或是被方便的事物包围时，
人会不知不觉地变得机械化，忘记讲话要温存。

解说

/泽地久枝 [5]

渡边和子小姐，是冈山圣母院清心大学的校长，畅销书《于置身处绽放》（幻冬舍）的作者。我对昭和六十一年（1986年）七月十二日那天发生的事情，至今记忆犹新。

那天，距离昭和十一年（1936年）二月二十六日，即发生军事政变（"二二六"事件）——教育总监渡边锭太郎、大臣斋藤实、大藏大臣高桥是清等被杀害，在军事会议上，犯案者们被宣判死刑并被执行枪决——已是第五十个纪念日了。

接受麻布贤崇寺的邀请，戴着黑色面纱、穿着白色修女服的和子小姐站立着。她作为遭受袭击的遇难者遗属，是第一次参加法事。之后，她又参拜了寺内的二十二士之墓。那座墓前还站着安田忧和高桥太郎少尉 [6] 的弟弟，即安田善三郎和高桥治郎。"真的很对不起"，他们这么对和子小姐说，两人的面上都落下泪来。

年长我三岁的和子小姐，看起来倒像纯洁可爱的

"妹妹"，我虽是这么说过，自己却得到了"比妹妹还要好"的对待。

和子小姐九岁的时候，父亲在她眼前被夺走了生命。九年后的四月，在被战火烧过的东京，她接受洗礼，成了一名基督徒。

渡边锭太郎夫妻育有两男两女，和子小姐是父亲五十三岁、母亲四十四岁时候生下的小女儿，和身为长女的姐姐有二十二岁的年龄差，当时担任旭川第七师团长的父亲对犹豫不决的妻子说："要是男人生孩子会觉得奇怪，女人生孩子有什么好觉得羞耻的呢？"

她的父亲渡边锭太郎那时是陆军中将（后来是大将）、师团长，有多么伟大呢？在连军队都没有的今天，是无法比拟的。

---

5. 泽地久枝，1930 年 9 月 3 日生，日本纪实作家，东京青山人。
6. 安田优、高桥太郎少尉都直接参与了"二二六"军事政变。

渡边锭太郎于明治七年（1874年）出生，在义务教育四年制的时代，他从小学毕业后，自学考入了陆军士官学校。比起其他的士官候补生，他年长两岁左右。他毕业时的成绩是步兵科两百零六人中的第四名。之后，他以陆军大学第一名的成绩毕业。因为参加了那次伤亡惨重的日俄战争，渡边锭太郎负了伤。大正十五年（1926年）三月开始，他担任旭川第七师团长，昭和十年（1935年）七月，担任教育总监。

二月十一日出生的和子小姐那时上小学三年级。不知道她的记忆能回溯到几岁的时候，但是她不可能全部都记得，记忆就像浮岛一般，忘不掉的片段就会铭刻于心。

"和子到妈妈那里去。"

父亲一边应战一边说着的这句话，成为最后的遗言。父亲在和子小姐眼前死去了。一直以来备受宠爱的和子小姐怀念起去水户赏梅花时抱着父亲膝盖的那种温暖。她觉得自己已经得到了一生的爱。我想，和

　子小姐这八十六年的人生，如果没有经历"二二六"事件的话，可能也不会是这样的吧。

　　不顾母亲的反对，在昭和三十一年（1956 年），和子小姐加入了圣母院修道会，时年二十九岁。

> 遵守戒律，
> 将基督当作伴侣，
> 秉持独身生活的"贞洁"，
> 坚持不保有私有财产的"清贫"，
> 遵循对神明圣旨的"顺从"。

　　发誓遵守这三项生活，我不认为是一件容易的事。但是，和子小姐毅然从杉并区获洼的家中离去，进了武藏野市吉祥寺的圣母院修道会。

　　年过七旬的和子母亲，每个月会去与她会面一次。感念于离去时母亲那弯曲背影的孤独感，身为女儿的和子小姐流下泪来。在修道院中，一切都是共有的，就连最细微的工作都必须自己去做。无论是被子还是手绢，都不能说"这是我的东西"。据说在修道院的第一天，预料之外的严格让渡边和子哭了。

见面以后，我就开始询问她《于置身处绽放》的情况。这本谦逊的书会成为畅销书，我想，是因为时代和社会听到了她的声音。就卖出的数量，她说："今早电话联系说，卖了一百八十万部。我写书并不是朝前看，而是把曾经写过的东西、日记里面写过的东西进行摘录，再转交给编辑。"

书的序言中写道："身为修道者，会有筋疲力尽的日子，也会有失眠的夜晚。……不知道什么时候学会了能够安抚自己、能让自己稍微安详一些的手段。"

当年一进入修道院，她就被派遣到美国，经过五年的学习，她取得了博士学位而回国。无论是母亲在横滨港送别的时候，还是来迎接的时候，和子小姐都能看到母亲的身影。不让人看到眼泪、性格刚强的和子母亲，在修道院委任和子小姐去新任地冈山后，又和女儿拉开了距离。

归国后的第二年年初，前任校长忽然去世，三十六岁的和子小姐成为第三任圣母院清心女子大学的校长。她成了修女生涯最短、最年轻而且是第一任由日本人担任的大学校长。

在大学处于首屈一指的地位，但在修道院是最年轻的新人，这样的角色分配让她很是辛苦。身为人们预料之外的新校长，她在众多心绪烦乱的日子里，收到了一位宣讲教师一首简短的英文诗。

　　在上帝种植你的地方绽放

　　这是一首以这一句开头的诗。在不开花的日子里，"请深深地把根扎下去吧"，她把自己的话写在了后面。和子小姐的语言，是十分具体的。"请绽放吧"这样的话，我一开始觉得是有指示性的教师的语言。但是，渡边和子并不是在下命令。她自己的心也依旧被这句诗吸引着，认同着。那是一本反省自己生活方式的书。

　　在被人背叛，或是遇到挫折，遇到试炼的时候，神明都是常在的，我们不觉得人只会背负自己能承受得来的重担吗？我虽然不是信众，但是经常阅读《圣经》。我觉得，上天不会给人以承受不了的重负，人总是能熬到翻越苦难的时候。

　　　　明天自有明天的忧虑，
　　　　一天的难处一天当就够了。

　　这句话写在《新约·马太福音》中。我不知道被这句话拯救过多少次。我也有成为抑郁症患者的潜在因子，在《圣经·旧约》中我也画了很多的着重线，但从来没想过入教。

在这本书中，和子小姐和在校生以及毕业生打成一片，很看重自己与他人的邂逅。她也引用了很多对生活方式有启发的诗歌。虽然和子小姐讲话的语气和缓，但内容很清晰。我认为，一千日元这样的价位，作为一本入手容易的薄薄的新书，能卖到百万册是很自然的。我想，是作者那温柔而坦率的心感染了读者的内心吧。

听说和子小姐五十二岁左右时罹患了抑郁症。从抑郁症中恢复后，她和我第一次见面，我完全没有感觉出来她患过病。

据说那时候被生活压迫的和子小姐想过自杀。她进入的医院，盖在悬崖上，她曾想过"从这里跳下去的话""如果在这里搭一条绳子的话"。两个月后，她被带回了冈山修道院，第一次听说了抑郁症。据说

在什么都做不了的痛苦的日子里，她曾在日记上写下
"残酷"二字。忍受着工作的沉重负担，不断地忍受着，
她毫无理由地苦恼着。

　　她住院的时候，新教徒医生说"抑郁症和信仰没
有任何关系"，而天主教徒医生说："修女，命运虽
然冷酷，但天理温存。"渐渐地，她的思想就转变为
思考"我是为什么而得了这个病呢"。身边的修女都
很温柔，她也没有被人说过"真是没出息"或是"请
努力"这样的话。对得了抑郁症的人不能用的"禁招"，
就是把自己恢复的成功经验讲给他们听。

　　在住院的两天里，和子小姐一直在睡觉，据说这
是三年来兼任管区长和校长积累的疲劳所致。和子小
姐会自杀，这是我想都没想过的事。因为她是在人生
之初就经受了常人无法想象的艰苦试炼但没有输掉并
活下来的人。战后，为了供养失去养老金、有着母亲
和两个兄弟的家庭，她白天做学生，晚上做以英语为
主职的兼职。毕业之后，她又为了支付二哥的学费而

工作了五年。之后，她进入修道院，到美国经受了严格的修炼和学习，回国后立刻就任管理岗位。我想，是疲劳招致了她的抑郁症。

现在，她说学生很容易就陷入精神困境，然后会重复地割腕。"这是在发出引人注意的信号，因为还没想死。"是在发出"救救我吧""和我聊聊吧"这样的信号。她会对学生说："我曾经也是那样的。但是现在我好了。你也一定会好起来的。"二千四百名大学生去看望她。这些学生中，有好几个染着茶色的头发。

和子小姐说："你们是新生吧。"这些人之后就自然地把自己的头发染了回去，她说，一切都是需要时间的。"我的学生会跟人打招呼，笑容也很好看。"和子小姐笑着说。

和子小姐想要建立一所会跟每一个学生接触的大学，教师也都很配合她的想法。以笔谈的形式和学生们交流的话，就必须做出回答。贴近学生去寻找答案，或是耐心地握着学生的手，有时候什么都不说。所以，我感觉，和子小姐不管年纪多大，都是年轻而感性的。

　　和子小姐的大哥和比他大九岁的女性结婚了，停止了对母亲的供养。家里的两兄弟都是军校在籍生，战后，二哥转职成了医生。现在和子小姐过着一个人的生活。

　　据说，在美国读大学时，和子小姐的英文博士论文题目是"日本孝顺概念的变迁"。圣母院修道会承认了这个人作为教育者的素质并为她选定了方向，和子小姐在被任命的同时，继续她的学业。回国后，她的就任地位于冈山。那时候已七十九岁的和子母亲，虽然为"在我还活着的时候你回来了"一事感到欣喜，但却一次都没去过冈山。和子小姐虽然每年被允许见母亲一面，却从未在外留宿过。

　　孤身一人的和子母亲，说"我果然是糊涂了"。那个曾说"我不需要别人来照顾我"的坚强的女人住院了，一切都变得需要别人照顾了。她被那些总是保持微笑喊着"渡边小姐的母亲"的护士照料着。但对于终于来拜访她的和子小姐，她却已经认不出来了。1970年，八十七岁的和子母亲去世了。据说她相邻的病房住着铃木理。我还是第一次知道这个人。铃木理是"二二六"事件发生时守在被袭击而濒死重伤的铃木贯太郎侍从长（海军大将，战败时的首相）身旁的妻子，她喊着"请不要给致命一击"而拯救了丈夫。这是书写了怎样一段历史的两个女人啊。

现在每周一，和子小姐都要从九点开始上九十分钟的课。能承载二百五十人的教室里坐满了人。和子小姐使用麦克风说"我还是站着更轻松些"，因为骨质疏松症导致她的脊柱压迫性骨折，据说会造成剧烈疼痛。

和子小姐在平成二年（1990年）回到了东京，成为一直由神父们继任的日本天主教学校会联合会的理长。因为是第一任修女理事长，所以她的任务很艰辛。那时她罹患了多发性筋炎（胶原病），使用了固醇类药物，在不知不觉中就得了骨质疏松症。

和子小姐在东京的昭和女子大学、自由学园、冈山的圣母院清心女子大学这三所学校任教，要使用止痛的栓剂才能站在讲台上。两次骨折让她的后背弯曲，身高变矮了十四厘米。为了和身高相符，应该相应地削减体重，她正在做着不吃零食的努力。

出席昭和六十一年七月十二日的佛事后，还有后续的故事。安田优陆军少尉死后，留下了一个死者面部模型（death mask），那是个眉间弹痕很清晰的青年。他的弟弟安田善三郎后来接受了天主教的洗礼，并与和子小姐取得了联系，一并参加了访问旭川等一系列友善活动。

旭川的层云峡有和子小姐的父亲用篆书写的碑。碑是为了纪念曾经为军队内部结核病患者建立红十字医院一事，他们去拜访的时候，原来的医院已经变成了废墟，隐没在草丛中。同行的安田善三郎用镰刀割掉了野草。这座碑是和子小姐的父亲与他的参谋长斋藤浏（后为预备陆军少将）联名树立的。此人在"二·二六事件"之后，被以协助叛乱的罪名判处了五年徒刑。

　　渡边锭太郎的葬礼那天，他平日很喜欢的那两匹马也被牵了来。鸣放哀悼礼炮的时候，和子小姐说，那两匹马发出了嘶鸣。那是她九岁时的记忆。

　　（原文发表于《悠悠》杂志 2013 年 7 月号，本文系将刊登于主妇之友社的文章修改加工而成。）